电子对抗效能快速计算手册

主　审　何　俊

主　编　胡振彪

副主编　陈　林　陈明建

编　委（按姓氏笔画排序）

王　雷　左洪浩　伍晓华

刘建新　吴付祥　吴晨曦

U0177329

中国科学技术大学出版社

内 容 简 介

本书基于传统的电子对抗效能计算模型，通过综合应用将理论模型简化为图表查询等方法，建立了雷达对抗和通信对抗效能的快速计算模型，提供了相应的速算图表，能显著降低计算难度，提高应用计算解决实际问题的效率。

本书可作为电子对抗指挥和参谋人员培训教材，也可作为电子对抗工程技术人员实用参考书。

图书在版编目(CIP)数据

电子对抗效能快速计算手册/胡振彪主编. —合肥：中国科学技术大学出版社，2020.12(2025.3 重印)

ISBN 978-7-312-05034-3

Ⅰ. 电… Ⅱ. 胡… Ⅲ. 电子对抗—计算方法—手册
Ⅳ. TN97-62

中国版本图书馆 CIP 数据核字(2020)第 215323 号

电子对抗效能快速计算手册
DIANZI DUIKANG XIAONENG KUAISU JISUAN SHOUCE

出版	中国科学技术大学出版社 安徽省合肥市金寨路 96 号 http://press.ustc.edu.cn https://zgkxjsdxcbs.tmall.com
印刷	安徽省瑞隆印务有限公司
发行	中国科学技术大学出版社
经销	全国新华书店
开本	787 mm×1092 mm 1/32
印张	3
字数	58 千
版次	2020 年 12 月第 1 版
印次	2025 年 3 月第 3 次印刷
定价	25.00 元

前　　言

　　电子对抗效能计算模型反映了电子对抗时间、空间、频频和能量等多域信息，涉及通信原理、雷达原理、电子对抗原理、电波传播、信号处理、概率统计和军事科学等专业知识，是效能计算的前提和基础，但模型较为复杂，计算难度较大，从掌握模型到应用模型来解决实际问题耗时费力。所以本书通过变乘除为加减、聚参数成模式等方法简化效能模型；通过控精度提速度、化计算为查询等方法提高计算速度；通过从软件到表格、从表格到图表等方法创新计算工具。本书在保证精度的前提下，基于以上方法建立了雷达对抗、通信对抗效能快速计算模型和相应的速算图表，使读者能快速掌握并应用电子对抗效能计算，充分发挥计算在辅助决策中的定量支撑作用。

　　国防科技大学电子对抗学院军事运筹学学科首席专家何俊教授在百忙中抽出大量时间仔细审阅了全书，提出了许多真知灼见，在此表示衷心的感谢。

　　本书是在近几年科研成果和教学实践基础上完成的。由于作者学识和水平有限，书中难免存在不足和待完善之处，敬请读者和同行专家批评指正，在此不胜感激。

作　者

2020 年 10 月于合肥

目　　录

1 常用基本计算

1.1 频率与波长

频率与波长转换公式如下：

$$\lambda = \frac{c}{f}$$

$$= \frac{300}{f_{\text{MHz}}}$$

$$= \frac{0.3}{f_{\text{GHz}}} \tag{1-1}$$

$$f_{\text{GHz}} = \frac{0.3}{\lambda}$$

$$= \frac{30}{\lambda_{\text{cm}}} \tag{1-2}$$

常用微波频率划分如图 1-1 所示。

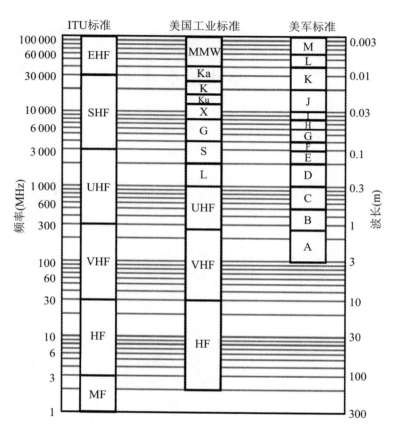

图 1-1　常用电磁频谱划分

典型频率、波长如表 1-1 所示。

表 1-1 典型频率与波长对应表

频段名称		典型波长	典型频率
HF	—	30 m	10 MHz
VHF	A	3 m	100 MHz
	B	1 m	300 MHz
UHF	C	60 cm	500 MHz
L	D	22 cm	1.36 GHz
S	E	10 cm	3 GHz
	F		
C	G	5 cm	6 GHz
	H		
X	I/J	3 cm	10 GHz
Ku		2 cm	15 GHz
K	K	1.25 cm	24 GHz
Ka		8 mm	37.5 GHz

1.2　多普勒频移

双程多普勒频移由径向相对速度和波长（频率）决定，模型如下：

$$f_d = \pm \frac{2V_r}{\lambda} \quad\quad (1-3)$$

$$f_{d,kHz} = \pm \frac{V_{r,km/h}\, f_{GHz}}{540} \quad\quad (1-4)$$

当接近目标时，取＋号；当远离时，取—号。

当 V_r 为 300 m/s 时，不同频段的单程、双程多普勒频移典型值如表 1-2 所示。

表 1-2　多普勒频移典型值表（$V_r = 300$ m/s）

频段	频率 （GHz）	波长 （m）	单程频移 （kHz）	双程频移 （kHz）
L	1	0.3	1	2
S	3	0.1	3	6
C	6	0.05	6	12
X	10	0.03	10	20

双程多普勒频移计算曲线如图 1-2 所示，其中，1 Ma 取

值为1 225 km/h。

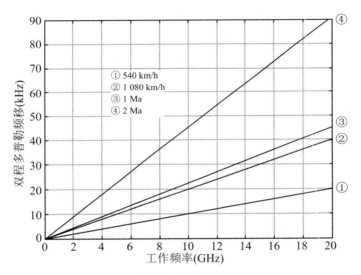

图 1-2　双程多普勒频移值计算曲线

1.3　分贝

　　功率、天线增益、接收机灵敏度和传播损耗等常用分贝 (dB)表示,将原来的线性数字 N 转化为对数数字 N_{dB},既可简化模型,还可将乘除运算转换为加减运算:

$$N_{dB} = 10\lg N \qquad (1\text{-}5)$$

$$N = 10^{N_{dB}/10} \qquad (1\text{-}6)$$

对不同类型或量纲参数,用不同 dB 符号表示,如表 1-3 所示。对等号不作严格要求时,dBW,dBsm 和 dBi 可直接简写成 dB。不同 dB 符号间可直接进行加减运算,如 A_{dBW} ＋ B_{dBi} 用于计算经天线放大后的辐射功率值。

表 1-3　常用分贝(dB)符号及意义

符号	意　义	数　值	dB 值
dBW	功率单位 W,对 1 W 功率比的 dB 值	0.001 W	－30 dBW
dBm	功率单位 mW,对 1 mW 功率比的 dB 值	1 mW	0 dBm
dBsm	面积(如 RCS)单位 m^2,对 1 m^2 面积比的 dB 值	5 m^2	≈7 dBsm
dBi	天线增益对全向天线增益比的 dB 值	10 000	40 dBi
dBV	电压单位 V,对 1 V 电压比的 dB 值: $20lg(V_2/V_1)$	10 V	20 dBV
dBA	电流单位 A,对 1 A 电流比的 dB 值: $20lg(I_2/I_1)$	0.5 A	≈－6 dBA

对功率比值,通过表 1-4 中 1 dB,3 dB,10 dB 对应值,先通过加减 dB 值,再计算相应的倍数值,可快速计算变化倍数。比如:对功率＋7 dB,由于 7＝3＋3＋1,3 dB 对应 2 倍,1 dB 对应 1.26 倍,故功率约增加到原功率的 5 倍(2×2×

1.26≈5)；对功率−7 dB，由于−7＝−3−3−1，−3 dB 对应 0.5，−1 dB 对应 0.8，故功率约减少到原功率的 $\frac{1}{5}$（0.5×0.5 ×0.8≈0.2）。对功率变化大于±10 dB 的，可在表 1-4 数值基础上，增加或减小 1 dB 的方法计算。又如：对功率＋12 dB，图 1-3 显示 11 dB 对应 12.5，由于 12＝11＋1，通过表 1-4 查询可知 1 dB 对应 1.26 倍，故功率增加到原功率 15.75 倍（12.5×1.26≈15.75）。面积和天线增益比值计算和功率比值的计算方法相同。

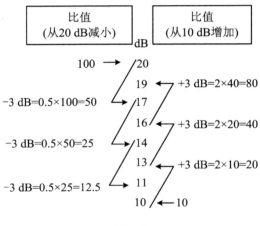

图 1-3

表 1-4　dB 值与功率、电压、电流值变化对应表

电流/电压比值		dB	功率比值	
+dB	−dB		+dB	−dB
1	1	0	1	1
1.12	0.89	1	1.26	0.8
1.26	0.79	2	1.58	0.63
1.4	0.708	3	2	0.5
2	0.5	6	4	0.25
2.8	0.35	9	8	0.126
3.16	0.316	10	10	0.1
4.47	0.22	13	20	0.05
10	0.1	20	100	0.01
100	0.01	40	10 000	0.0001

1.4　直视距离

直视距离计算模型如下:

$$h'_a = h_a + H_a - H_0$$
$$h'_t = h_t + H_t - H_0$$

$$R_{\rm d} = 4\,120 \cdot (\sqrt{h_{\rm a}'} + \sqrt{h_{\rm t}'}) \qquad (1-7)$$

当天线与目标间地形起伏较小时,H_0可取其间地域平均海拔高度(图1-4)。

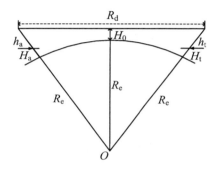

图 1-4 直视距离计算几何关系示意图

确定了天线和目标高度值后,可通过图 1-5 所示列线图快速计算直视距离。

图 1-5 中第 1 列为天线海拔高度,第 3 列为目标海拔高度,根据值分别选定点①和②并连接,与中间列的交点③的刻度值即为直视距离值。如 $h_{\rm a}' = 500\,{\rm m}$,$h_{\rm t}' = 3\,000\,{\rm m}$ 时,直视距离图上作业结果约为 320 km,即 320 000 m。

机载电子对抗设备可侦察发现半阴影区信号,直视距离模型可简化为

$$R_{\rm d} \approx 5\,000 \cdot \sqrt{h_{\rm a}} \qquad (1-8)$$

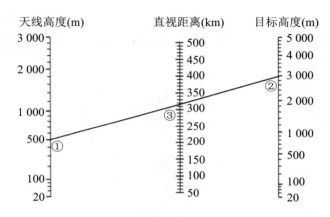

图 1-5　直视距离计算列线图示例

2 天线参数快速估算

2.1 天线增益快速估算

已知天线水平波束宽度 θ_a 和垂直波束宽度 θ_e，天线增益 G 的近似公式如下：

$$G = \frac{X\eta}{\theta_a \theta_e} \qquad (2\text{-}1)$$

采用椭圆波束模型时，$X = 52\,525$，$\eta = 0.55$，$X\eta = 28\,888.75$；矩形波束模型时，$X = 41\,253$，$\eta = 0.7$，$X\eta = 28\,877.1$。抛物面天线增益的近似公式为

$$G \approx \frac{29\,000}{\theta_a \theta_e} \qquad (2\text{-}2)$$

更为保守和常用的天线增益的近似公式为

$$G \approx \frac{26\,000}{\theta_a \theta_e} \qquad (2\text{-}3)$$

已知抛物面天线的物理直径 D，当 $\eta = 0.55$ 时，天线增益为

$$G = \frac{4\pi A_r}{\lambda^2} = \frac{0.55\pi^2 D^2 f^2}{c^2} \tag{2-4}$$

$$G_{dB} = 17.8 + 20\lg D + 20\lg f_{GHz} \tag{2-5}$$

$$G_{dB} = -42.2 + 20\lg D + 20\lg f_{MHz} \tag{2-6}$$

2.2　波束宽度快速估算

抛物面天线半功率波束宽度近似公式为

$$\theta_{0.5} = 71.6\frac{\lambda}{D} \approx \frac{21.5}{Df_{GHz}} \tag{2-7}$$

根据式(2-4)可设计出如图 2-1 所示的列线图,第 1 列为

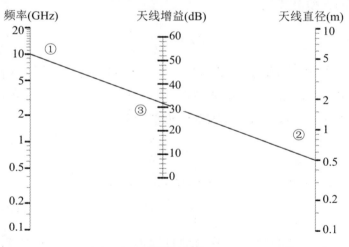

图 2-1　抛物面天线增益计算列线图示例($\eta = 0.55$)

频率值,第 3 列为天线直径值,分别选定相应点①和②并连线,与中间列相交点③的刻度值即为天线增益值。例如当频率为 10 GHz,天线直径为 0.5 m 时,天线增益图上作业结果约为 32 dB。

电子对抗常用天线工作带宽比较大,天线效率 η 值一般较 0.55 低,可在列线图计算结果上进行修正,如图 2-2 所示。如当天线效率为 0.48 时,修正值为－0.6 dB,即天线的实际增益为 32－0.6＝31.4 (dB)。

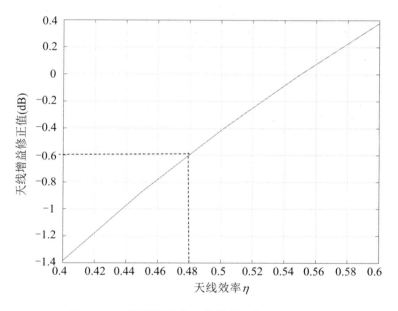

图 2-2 天线增益值修正曲线(相对于 η＝0.55)

2.3 极化损失快速估算

　　收发天线极化不匹配，将导致接收到的信号功率下降，如图 2-3 所示，极化损失的范围为 0～25 dB。

　　图 2-3 中，LHC、RHC、H、V、45°分别表示左旋圆、右旋圆、水平、垂直和 45°斜极化。如，使用圆极化（LHC、RHC）干扰线性极化（H、V、45°）信号时，极化损失为 3 dB；使用右旋圆（RHC）干扰右旋圆信号时，极化损失为 0 dB；使用右旋圆（RHC）干扰左旋圆（LHC）信号时，极化损失为 25 dB。

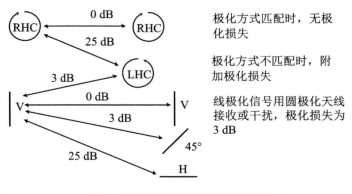

极化方式匹配时，无极化损失

极化方式不匹配时，附加极化损失

线极化信号用圆极化天线接收或干扰，极化损失为 3 dB

图 2-3　天线极化损失快速估算图

2.4 常用天线基本特性

电子对抗常用天线基本方向图和典型指标如表 2-1 所列。

表 2-1 常用天线基本特性

天线类型	方向图	典型指标
偶极子天线	垂直:∞ 水平:○	极化:线极化 波束宽度:80°×360° 增益:2 dB 带宽:10% 频率范围:0～微波
鞭状天线	垂直:⌒⌒ 水平:○	极化:垂直 波束宽度:45°×360° 增益:0 dB 带宽:10% 频率范围:HF～UHF

续表

天线类型	方向图	典型指标
环形天线	垂直: 水平:	极化:水平 波束宽度:80°×360° 增益:—2 dB 带宽:10% 频率范围:HF～UHF
法向模螺旋 天线	垂直: 水平:	极化:水平 波束宽度:45°×360° 增益:0 dB 带宽:10% 频率范围:HF～UHF
轴向模螺旋 天线	垂直: 水平:	极化:圆 波束宽度:50°×50° 增益:10 dB 带宽:70% 频率范围:UHF～微波

天线类型	方向图	典型指标
双锥天线	垂直：∞ 水平：○	极化：垂直 波束宽度：20°～100°×360° 增益：0～4 dB 带宽：4∶1 频率范围：UHF～毫米波
菩提树天线	垂直：∞ 水平：○	极化：圆 波束宽度：80°×360° 增益：−1 dB 带宽：2∶1 频率范围：UHF～微波

天线类型	方向图	典型指标
万十字天线	垂直:⚭ 水平:○	极化:水平 波束宽度:80°×360° 增益:−1 dB 带宽:2:1 频率范围:UHF～微波
八木天线	垂直: 水平:	极化:水平 波束宽度:90°×50° 增益:5～15 dB 带宽:20:1 频率范围:VHF～UHF
对数周期天线	垂直: 水平:	极化:水平或垂直 波束宽度:80°×60° 增益:6～8 dB 带宽:10:1 频率范围:HF～微波

续表

天线类型	方向图	典型指标
背腔螺旋天线	垂直: 水平:	极化:左旋或右旋圆 波束宽度:60°×60° 增益:−15 dB(最小频率) +3 dB(最大频率) 带宽:9:1 频率范围:微波
锥螺旋天线	垂直: 水平:	极化:圆 波束宽度:60°×60° 增益:5~8 dB 带宽:4:1 频率范围:UHF~微波
四臂锥螺旋 天线	垂直: 水平:	极化:圆 波束宽度:50°×360° 增益:0 dB 带宽:4:1 频率范围:UHF~微波

天线类型	方向图	典型指标
喇叭天线	垂直: 水平:	极化:线性 波束宽度:40°×40° 增益:5～10 dB 带宽:4∶1 频率范围:VHF～毫米波
极化器喇叭 天线	垂直: 水平:	极化:圆 波束宽度:40°×40° 增益:5～10 dB 带宽:3∶1 频率范围:微波
抛物面天线	垂直: 水平:	极化:取决于馈源 波束宽度:0.5°～30° 增益:10～55 dB 带宽:取决于馈源 频率范围:UHF～微波

天线类型	方向图	典型指标
相控阵天线	垂直: 水平:	极化:取决于阵元 波束宽度:0.5°～30° 增益:10～40 dB 带宽:取决于阵元 频率范围:VHF～微波

3 雷达截面积快速计算

3.1 典型目标 RCS 快速计算

典型目标 RCS 参考值如表 3-1 所示,其分布情况如图 3-1所示,但一个数值不能完全描述目标 RCS 特性。实际使用时,应根据电磁波频率、极化、入射方向和目标姿态角等条件,基于参考值修正。如表 3-1 中 B-2 隐身轰炸机 RCS 参考值为0.75,但不同频率 RCS 平均值如图 3-2 所示。地面目标 RCS 还受背景环境影响,如 T-90 坦克对 10 GHz 垂直极化电磁波,干土和湿土背景下 RCS 平均值如图 3-3 所示。

表 3-1 典型目标 RCS 参考值

序号	目标类型	参考值(m²)	序号	目标类型	参考值(m²)
1	大型工业目标	$(0.5 \sim 1) \times 10^7$	2	航空母舰	$(5 \sim 10) \times 10^4$

续表

序号	目标类型	参考值(m²)	序号	目标类型	参考值(m²)
3	大型铁路/公路桥	$(2\sim5)\times10^4$	14	掩体中的飞机	$50\sim150$
4	大型机场	$(2\sim3)\times10^4$	15	F-15 战斗机	25
5	巡洋舰	$(1\sim2)\times10^4$	16	Su-27 战斗机	15
6	5 000 吨级舰艇	10^4	17	B-1A/B 隐身轰炸机	10
7	前线机场	$(1\sim1.5)\times10^4$	18	MiG-29 战斗机	5
8	地空导弹阵地	$200\sim500$	19	Su-30 战斗机	4
9	通信枢纽	$200\sim300$	20	直升机	3
10	军级指挥所	$200\sim250$	21	MiG-21 战斗机	3
11	小型卡车	200	22	F-16A/B 战斗机	5
12	小汽车	100	23	F-16C/D 战斗机	1.2
13	B-52 轰炸机	100	24	人体	1

续表

序号	目标类型	参考值(m²)	序号	目标类型	参考值(m²)
25	F-18E/F 战斗机	1	30	鸟	$10^{-3} \sim 10^{-2}$
26	B-2 隐身 轰炸机	0.75	31	F-35 隐身 战斗机	5×10^{-3}
27	战斧巡航 导弹	0.5	32	F-117 隐身 战斗机	3×10^{-3}
28	地空导弹	0.1	33	F-22 隐身 战斗机	10^{-4}
29	SR-71 侦察机	0.01	34	昆虫	$10^{-5} \sim 10^{-4}$

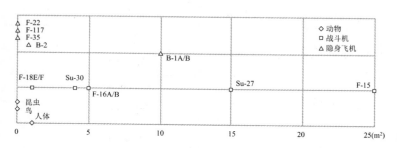

图 3-1 典型目标 RCS 分布示意图

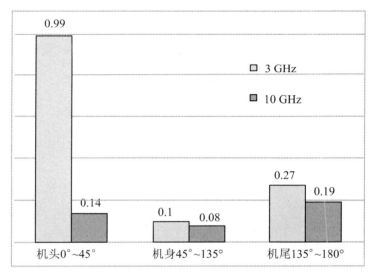

图 3-2　B-2 隐身轰炸机水平极化 RCS 分区平均值(单位:m²)

多个空中目标位于单个雷达分辨单元时,RCS 为单目标叠加值。$N(N>1)$ 个同类目标的 RCS 经验公式为

$$\sigma_N = 0.7N_\sigma \tag{3-1}$$

数量 N_σ 由空中编队队形和雷达距离、方位分辨率决定:

$$N_R = \left\lceil \frac{150\tau}{\Delta D} \right\rceil$$

$$N_L = \left\lceil \frac{R\theta_a}{57.3\Delta l} \right\rceil \tag{3-2}$$

$$N_\sigma = N_R N_L$$

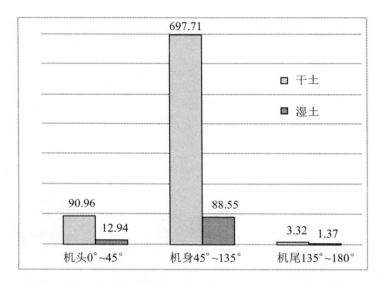

图3-3 T-90 坦克垂直极化,30°入射角 RCS 分区平均值(单位:m²)

3.2 地面背景 RCS 快速计算

地面背景 RCS 计算公式如下:

$$\sigma_g = \sigma_0 A_g \qquad (3\text{-}3)$$

雷达波束与地面相交面积 A_g 与距离、角度和多普勒分辨率等相关,交截面如图 3-4 所示,面积常用计算公式为

$$A_g = R_t \frac{\pi \theta_a}{180} \cdot \frac{10^{-6} c\tau}{2} \csc \beta \qquad (3\text{-}4)$$

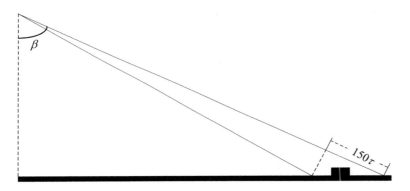

图 3-4 雷达波束与地面相交示意图

式(3-4)可简化为

$$A_g = 2.62R_t\theta_a\tau\csc\beta \qquad (3-5)$$

后向散射系数 σ_0 受地形地貌特征、电磁波频率、极化和入射角等多种因素影响。频率为 $10\,\text{GHz}$，入射角 β 为 $80°$ 时，典型地形 σ_0 参考值如表 3-2 所示。水面散射较小，回波信号弱，显示图像最暗；城市由于各种建筑物密集分布，散射较大，回波信号强，显示图像最亮。

X 波段垂直极化波，不同地貌特征下 σ_0 数据拟合曲线如图 3-5 所示。入射角越小，σ_0 值越大。等高飞行，飞机离探测目标越近，σ_0 值越大。

表 3-2　典型地形 σ_0 参考值

地形	σ_0(dBsm)	σ_0(m^2)
水面	-53	5×10^{-6}
沙漠	-20	0.01
丛林	-15	0.032
城市	-7	0.2

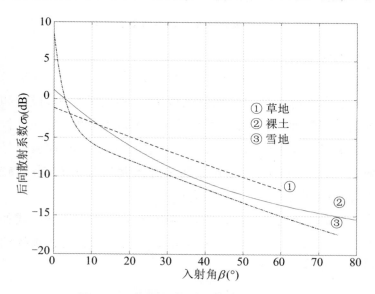

图 3-5　X 波段垂直极化波 σ_0 值拟合曲线

3.3 箔条 RCS 快速计算

单根半波长箔条振子的 RCS 公式为

$$\sigma_{\lambda/2} = 0.17\lambda^2 \tag{3-6}$$

考虑到箔条投放后的粘连和损坏的影响,有 N 根箔条的箔条包投放的 RCS 为

$$\sigma_{cN} = \frac{N\sigma_{\lambda/2}}{k}$$

$$= \frac{0.17N\lambda^2}{k}$$

$$\approx 0.12N\lambda^2 \quad (k \in [1.3, 1.5]) \tag{3-7}$$

式(3-7)中 k 为粘连和损坏的影响系数,公式可简化为

$$\sigma_{cN} \approx \frac{0.01N}{f_{\mathrm{GHz}}^2} \tag{3-8}$$

$$\sigma_{cN,\mathrm{dB}} \approx -20 + 10\lg N - 20\lg f_{\mathrm{GHz}} \tag{3-9}$$

根据式(3-9)可设计如图 3-6 所示列线图:第 1 列为箔条数,第 3 列为频率,分别选定相应点①和②并连线,与中间列相交点③刻度值即为 RCS 的 dB 值,如当频率为 10 GHz,根数为 50 000 时,箔条包投 RCS 的图上作业结果约为 7 dB。

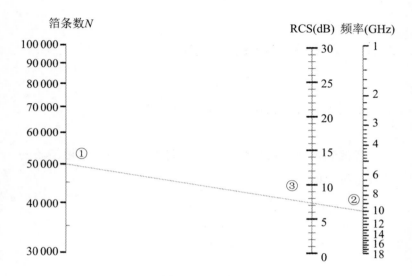

图 3-6 箔条包 RCS 计算列线图示例

4 雷达干扰效能快速计算

4.1 雷达作用距离快速计算

雷达信号传播过程如图 4-1 所示。

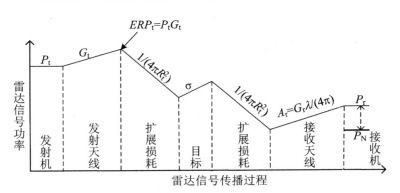

图 4-1 雷达信号传播过程示意图

雷达信号功率和噪声功率分别为

$$P_r = P_t \cdot G_t \cdot \frac{1}{4\pi R_t^2} \cdot \sigma \cdot \frac{1}{4\pi R_t^2} \cdot \frac{G_r \lambda^2}{4\pi} \qquad (4\text{-}1)$$

$$P_N = F_n \cdot kT\Delta f_r \qquad (4\text{-}2)$$

当 $P_r/P_N \geqslant S_{N,min}$ 时，雷达能以一定虚警概率和发现概率在最大作用距离 R_{max} 上探测发现目标，则

$$\frac{P_t \cdot G_t \cdot \dfrac{1}{4\pi R_{max}^2} \cdot \sigma \cdot \dfrac{1}{4\pi R_{max}^2} \cdot \dfrac{G_r \lambda^2}{4\pi}}{kT\Delta f_r \cdot F_n} = S_{N,min} \qquad (4\text{-}3)$$

综合考虑雷达损耗 L_R 和改善措施 D_R，整理可得到雷达作用距离模型：

$$R_{max} = \left(\frac{P_t G_t G_r \lambda^2 \sigma D_R}{(4\pi)^3 kT\Delta f_r F_n S_{N,min} L_R} \right)^{0.25} \qquad (4\text{-}4)$$

当雷达直视距离 $R_d = 4\,120(\sqrt{h_a^r} + \sqrt{h_t^r})$ 时，雷达实际作用距离为

$$R = \min(R_{max}, R_d) \qquad (4\text{-}5)$$

由于参数间制约关系，雷达一般工作于有限个预设工作模式，π、$T(290\ \text{K})$、$k(1.38\times10^{-23}\ \text{J/K})$ 等三个参数取固定值，假定雷达工作模式值公式为

$$C_{RM} = 18\,838 \left(\frac{P_t G_t G_r \lambda^2 D_R}{\Delta f_r F_n L_R} \right)^{0.25} \qquad (4\text{-}6)$$

考虑雷达参数和参数单位表述和使用习惯，如对雷达一般不使用波长，而使用频率参数，频率单位一般为 GHz，故变换(4-6)可得到更简洁的雷达工作模式值快速计算公式：

$$C_{\text{RM}} = 1\,834.8 \left(\frac{P_{\text{t,kW}} G_{\text{t}}^2 D_{\text{R}}}{\Delta f_{\text{r,MHz}} F_{\text{n}} f_{\text{GHz}}^2 L_{\text{R}}} \right)^{0.25} \quad (4\text{-}7)$$

对应第 i 种雷达工作模式,可得相应值 $C_{\text{RM}}(i)$。

$S_{\text{N,min}}$ 受虚警概率、发现概率和操作员水平等多种因素影响,σ 受目标属性、雷达频率、照射方向等多种因素影响,这两个量为模型中的变量,区分式(4-4)中的雷达工作模式值和变量,可将其简化为

$$R_{\max}(i) = C_{\text{RM}}(i) \left(\frac{\sigma}{S_{\text{N,min}}} \right)^{0.25} \quad (i = 1, 2, \cdots, n)$$

$$(4\text{-}8)$$

与雷达工作模式值计算模型相对应,可设计如表 4-1 所示的雷达工作模式值计算表,用于使用标准单位的参数值时计算雷达工作模式值。与雷达工作模式值快速计算模型相对应,可设计如表 4-2 所示的雷达工作模式值快速计算表,用于使用常用单位的参数值时计算雷达工作模式值。

表 4-1　雷达工作模式值计算表

序号	参数含义	参数符号	参数单位	参数值
1	发射功率	P_{t}	W	
2	发射天线增益	G_{t}	—	
3	接收天线增益	G_{r}	—	
4	工作波长	λ	m	
5	改善因子	D_{R}	—	
6	接收机带宽	Δf_{r}	Hz	

续表

序号	参数含义	参数符号	参数单位	参数值
7	噪声系数	F_n	—	
8	损耗因子	L_R	—	
雷达工作模式值		$C_{RM}=18\,838\left(\dfrac{P_tG_tG_t\lambda^2D_R}{\Delta f_rF_nL_R}\right)^{0.25}$		

表 4-2　雷达工作模式值快速计算表

序号	参数含义	参数符号	参数单位	参数值
1	发射功率	P_t	kW	
2	天线增益	G_t	—	
3	工作频率	f	GHz	
4	改善因子	D_R	—	
5	接收机带宽	Δf_r	MHz	
6	接收机噪声系数	F_n	—	
7	损耗因子	L_R	—	
雷达工作模式值		$C_{RM}=1\,834.8\left(\dfrac{P_{t,KW}G_t^2D_R}{\Delta f_{r,MHz}F_nL_Rf_{GHz}^2}\right)^{0.25}$		

根据雷达工作模式参数,预先计算得到工作模式值,可设计如表 4-3 所示雷达作用距离快速计算表。

表 4-3 雷达作用距离快速计算表

序号	参数含义	参数符号	参数单位	参数值
1	雷达工作模式值	$C_{RM}(i)$	—	
2	最小可检测信噪比	$S_{N,min}$	—	
3	目标雷达截面积	σ	m^2	
雷达最大作用距离(m)		$R_{max}(i)=C_{RM}(i)\left(\dfrac{\sigma}{S_{N,min}}\right)^{0.25}$		

可设计如图 4-2 所示列线图,将计算过程变成图上作业

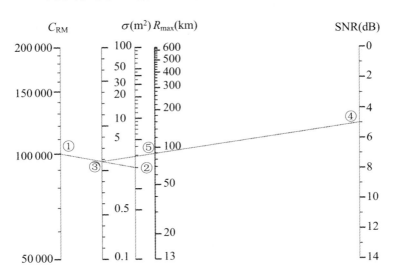

图 4-2 雷达作用距离计算列线图示例

过程如下:图中第 1 列为雷达工作模式值,第 3 列为目标雷达截面积值,先根据值分别选定点①和②并连线,与第 2 列交于点③;再在第 5 列选定最小可检测信噪比值点④,连接点④和③交第 4 列于点⑤,此点刻度值即为雷达作用距离值(单位:km)。

当 $\sigma/S_{N,\min}=1$ 时,定义 $R_1(i)\triangleq C_{RM}(i)$。分析 σ 和 $S_{N,\min}$ 取值区间,得到 $\sigma/S_{N,\min}$ 变化范围,可绘制如图 4-3 所示雷达作用距离速算曲线;或编制如表 4-4 所示雷达作用距离速算表。

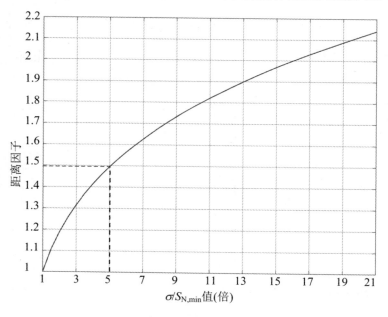

图 4-3 雷达作用距离速算曲线示例

如当 $\sigma/S_{N,min}$ 值提高 5 倍时,雷达作用距离变为 $1.50R_1(i)$。

表 4-4 雷达作用距离速算表

$\dfrac{\sigma}{S_{N,min}}$	距离因子	$\dfrac{\sigma}{S_{N,min}}$	距离因子	$\dfrac{\sigma}{S_{N,min}}$	距离因子
1	1.00	8	1.68	15	1.97
2	1.19	9	1.73	16	2.00
3	1.32	10	1.78	17	2.03
4	1.41	11	1.82	18	2.06
5	1.50	12	1.86	19	2.09
6	1.57	13	1.90	20	2.11
7	1.63	14	1.93	21	2.14

$\sigma/S_{N,min}$ 以 dB 为单位, $\sigma/S_{N,min}=0$ dB 时,定义 $R_0(i) \triangleq C_{RM}(i)$。绘制如图 4-4 所示雷达作用距离速算曲线;或编制如表 4-5 所示雷达作用距离速算表。如当 $\sigma/S_{N,min}$ 值提高 12 dB 时,雷达作用距离为 $2R_0(i)$。

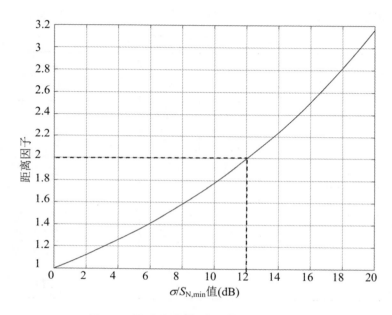

图 4-4   雷达作用距离速算曲线示例(dB)

表 4-5   雷达作用距离速算表(dB)

$\dfrac{\sigma}{S_{\mathrm{N,min}}}$	距离因子	$\dfrac{\sigma}{S_{\mathrm{N,min}}}$	距离因子	$\dfrac{\sigma}{S_{\mathrm{N,min}}}$	距离因子
0	1.00	7	1.50	14	2.24
1	1.06	8	1.58	15	2.37
2	1.12	9	1.68	16	2.51

$\dfrac{\sigma}{S_{N,min}}$	距离因子	$\dfrac{\sigma}{S_{N,min}}$	距离因子	$\dfrac{\sigma}{S_{N,min}}$	距离因子
3	1.19	10	1.78	17	2.66
4	1.26	11	1.88	18	2.82
5	1.33	12	2.00	19	2.99
6	1.41	13	2.11	20	3.16

当雷达频率低于 1 GHz 时,大气衰减影响较小;高于 10 GHz 后,大气衰减影响较严重。考虑大气衰减影响的雷达作用距离计算模型为

$$R_a = R_{max} e^{-0.0575\delta R_a} \tag{4-9}$$

标准大气的海平面双程衰减系数典型值如表 4-6 所示。快速计算时,可先计算不考虑大气衰减时雷达作用距离,再根据式(4-9)或图 4-5 曲线修正。如 L 波段雷达,考虑大气衰减后,实际作用距离由 200 km 减小到约 180 km。

表 4-6　双程衰减系数典型值

波段	常用频率 （GHz）	中心频率 （GHz）	双程衰减系数 （dB/km）
L	1.215～1.4	1.3	0.010 6
S	2.3～2.5	2.4	0.012 3
	2.7～3.7	3.2	0.013 1
C	5.25～5.925	5.59	0.016 0
X	8.5～10.68	9.59	0.024 8
Ku	13.4～14.0	13.5	0.043 3
	15.7～17.7	16.7	0.081 8
K	24.05～24.25	24.15	0.341 3
Ka	33.4～36.0	34.7	0.198 7
V	59～64	61.5	26.375

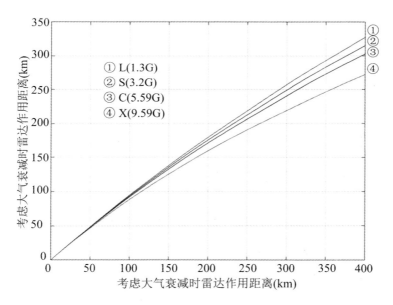

图 4-5　大气衰减条件下雷达作用距离计算曲线示例

4.2　空对地雷达干扰效能快速计算

空对地有源压制雷达干扰信号传播过程如图 4-6 所示。

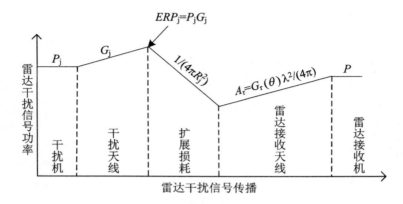

图 4-6　雷达干扰信号传播过程示意图

不考虑大气衰减等条件下，当干扰信号带宽覆盖目标雷达接收机带宽时，到达雷达接收机的干扰信号功率为

$$P_{\mathrm{r,j}} = P_{\mathrm{j}} \cdot G_{\mathrm{j}} \cdot \frac{1}{4\pi R_{\mathrm{j}}^2} \cdot \frac{G_{\mathrm{r}}(\theta)\lambda^2}{4\pi} \cdot \frac{\Delta f_{\mathrm{r}}}{\Delta f_{\mathrm{j}}} \cdot \gamma_{\mathrm{j}} \quad (4\text{-}10)$$

综合式(4-1)，得到雷达干扰干信比为

$$\frac{J}{S} = \frac{P_{\mathrm{r,j}}}{P_{\mathrm{r}}}$$

$$= \frac{P_{\mathrm{j}} \cdot G_{\mathrm{j}} \cdot \dfrac{1}{4\pi R_{\mathrm{j}}^2} \cdot \dfrac{G_{\mathrm{r}}(\theta)\lambda^2}{4\pi} \cdot \dfrac{\Delta f_{r}}{\Delta f_{\mathrm{j}}} \cdot \gamma_{\mathrm{j}}}{P_{\mathrm{t}} \cdot G_{\mathrm{t}} \cdot \dfrac{1}{4\pi R_{\mathrm{t}}^2} \cdot \sigma \cdot \dfrac{1}{4\pi R_{\mathrm{t}}^2} \cdot \dfrac{G_{\mathrm{r}}\lambda^2}{4\pi}} \quad (4\text{-}11)$$

当 $J/S \geqslant K_{\mathrm{j}}$ 时为有效干扰，$J/S = K_{\mathrm{j}}$ 时，可得到雷达在不同 θ 方向上的作用距离，综合考虑雷达损耗 L_{R}、干扰损耗 L_{J} 和改善因子 D_{R}，整理式(4-11)可得到

$$R_t(\theta) = \left(\frac{P_t G_t D_R L_J}{4\pi\gamma_j P_j G_j L_R} \cdot \frac{K_j \sigma \Delta f_j}{\Delta f_r} \cdot R_j^2 \cdot \frac{G_r}{G_r(\theta)} \right)^{0.25}$$

$$(4\text{-}12)$$

由于参数间的制约关系，雷达干扰机同目标雷达一样，一般工作于有限个预设干扰模式下，当干扰机和目标雷达确定后，可假定干扰模式值计算公式为

$$C_{JM} \triangleq \left(\frac{P_t G_t D_R L_J}{4\pi\gamma_j P_j G_j L_R} \right)^{0.25} \qquad (4\text{-}13)$$

对因干扰战术、目标雷达、掩护目标等而经常改变的参数，定义干扰变量

$$V_J \triangleq \left(\frac{K_j \sigma \Delta f_j R_j^2}{\Delta f_r} \right)^{0.25} \qquad (4\text{-}14)$$

对应第 j 种干扰模式，可得相应值 $C_{JM}(j)$，则式(4-12)可简化为

$$R_t(\theta) = C_{JM}(j) \cdot V_J \cdot \left(\frac{G_t}{G_r(\theta)} \right)^{0.25} \qquad (j = 1, 2, \cdots, m)$$

$$(4\text{-}15)$$

对任一干扰模式，当 $|\theta| \leqslant \theta_{0.5}/2$ 时，近似认为干扰能量从雷达主瓣进入，雷达接收天线增益 $G_r(\theta) \approx G_t$，干扰条件下雷达作用距离与 θ 角无关，用 $R_t(0)$ 表示，为干扰条件下雷达最小作用距离：

$$R_t(0) = C_{JM} \cdot V_J \qquad (4\text{-}16)$$

当 $\theta_{0.5}/2 < |\theta| \leqslant 90°$ 时，干扰方向上接收天线增益 $G_r(\theta) = q(\theta_{0.5}/\theta)^2 G_t$，干扰能量从雷达旁瓣进入，干扰条件下雷达

作用距离随 θ 角变化：

$$R_t(\theta) = C_{JM} \cdot V_J \cdot \left(\frac{|\theta|}{\sqrt{q}\theta_{0.5}}\right)^{0.5} \tag{4-17}$$

定义 $C'_{JM} = C_{JM}/(\sqrt{q}\theta_{0.5})^{0.5}$，当干扰只能从旁瓣进入时，如远距离支援干扰，则式（4-17）可简化为

$$R_t(\theta) = C'_{JM} \cdot V_J \cdot \sqrt{|\theta|} \tag{4-18}$$

评估有源压制干扰效能的另一个重要指标是有效掩护角，设 $R_{t,\min}$ 为需将雷达压制到的最小作用距离。当 $R_{t,\min} < R_t(0)$ 时，有效掩护角 $\theta_{j,\max} = 0$；当 $R_{t,\min} = R_t(0)$ 时，$\theta_{j,\max} = \theta_{0.5}$；当 $R_{t,\min} > R_t(0)$ 时，

$$\theta_{j,\max} = 2\left(\frac{R_{t,\min}}{C'_{JM} \cdot V_J}\right)^2 \tag{4-19}$$

则在 $R_{t,\min}$ 距离，与雷达、干扰机水平投影连线垂直方向上有效掩护正面：

$$L_{j,f} = 2R_{t,\min}\tan\frac{\theta_{j,\max}}{2} \approx R_{t,\min}\frac{\theta_{j,\max}}{57.3} \quad (\theta_{j,\max} \leqslant 10°) \tag{4-20}$$

当 $\theta_{j,\max} \geqslant \theta_{0.5}$ 时，有效掩护纵深为 $L_{j,d} = R_{\max} - R_{t,\min}$。

与雷达干扰模式值计算模型相对应，可设计如表 4-7（未加入天线方向图影响）和表 4-8（加入了天线方向图影响）所示的计算表。

表 4-7 雷达干扰模式值计算表一

序号	参数含义	参数符号	参数单位	参数值
1	雷达发射功率	P_t	W	
2	雷达发射天线增益	G_t	—	
3	雷达损耗因子	L_R	—	
4	雷达改善因子	D_R	—	
5	雷达干扰机发射功率	P_j	W	
6	雷达干扰机天线增益	G_j	—	
7	雷达干扰机损耗因子	L_J	—	
8	干扰极化损失因子	γ_j	—	
雷达干扰工作模式值		$C_{JM} \triangleq \left(\dfrac{P_t G_t D_R L_j}{4\pi \gamma_j P_j G_j L_R} \right)^{0.25}$		

表 4-8 雷达干扰模式值计算表二

序号	参数含义	参数符号	参数单位	参数值
1	雷达发射功率	P_t	W	
2	雷达发射天线增益	G_t	—	
3	雷达损耗因子	L_R	—	
4	雷达改善因子	D_R	—	

序号	参数含义	参数符号	参数单位	参数值
5	雷达干扰机发射功率	P_j	W	
6	雷达干扰机天线增益	G_j	—	
7	雷达干扰机损耗因子	L_J	—	
8	干扰极化损失因子	γ_j	—	
9	雷达主瓣宽度	$\theta_{0.5}$	°	
10	雷达天线方向图常数	q	—	
雷达干扰工作模式值		$C'_{JM} \triangleq \left(\dfrac{P_t G_t D_R L_j}{4\pi \gamma_j P_j G_j L_R} \cdot \dfrac{1}{q\theta_{0.5}^2} \right)^{0.25}$		

与雷达干扰变量计算模型相对应,可设计如表 4-9 所示的计算表。

表 4-9　雷达干扰变量计算表

序号	参数含义	参数符号	参数单位	参数值
1	掩护目标雷达截面积	σ	m^2	
2	目标雷达接收机带宽	Δf_r	Hz	
3	雷达干扰带宽	Δf_j	Hz	
4	雷达干扰压制系数	K_j	—	

序号	参数含义	参数符号	参数单位	参数值
5	干扰机到目标雷达距离	R_{j}	m	
	雷达干扰变量	$V_{\mathrm{J}} \triangleq \left(K_{\mathrm{j}} \cdot \sigma \cdot \dfrac{\Delta f_{\mathrm{j}}}{\Delta f_{\mathrm{r}}} \cdot R_{\mathrm{J}}^2 \right)^{0.25}$		

基于计算得到的雷达干扰模式和干扰变量值值,根据式(4-17)和式(4-18)可设计如表 4-10 所示的干扰条件下雷达作用距离快速计算表。

表 4-10 干扰条件下雷达作用距离快速计算表

序号	参数含义	参数符号	参数单位	参数值
1	雷达干扰模式值一	$C_{\mathrm{JM}}(j)$	—	
2	雷达干扰模式值二	$C_{\mathrm{JM}}'(j)$	—	
3	雷达干扰变量值	V_{J}	—	
4	掩护目标和干扰机对雷达张角	θ	°	
	干扰条件下雷达最小作用距离(m)	$R_{\mathrm{t,min}} = R_{\mathrm{t}}(0) = C_{\mathrm{JM}} \cdot V_{\mathrm{J}}$		

续表

序号	参数含义		参数符号	参数单位	参数值
	干扰条件下雷达作用距离(m)	$0 \leqslant |\theta| \leqslant \theta_{0.5}/2$	$R_t(\theta) = R_{t,min}$		
		$\theta_{0.5}/2 < |\theta| \leqslant 90°$	$R_t(\theta) = C'_{JM} \cdot V_J \cdot \sqrt{|\theta|}$		
		$90° < |\theta| < 180°$	$R_t(\theta) = R_t(90)$		

如将雷达、干扰机和掩护目标均投影到水平面,建立以雷达为极点,雷达到干扰机连线为极轴的极坐标系,则雷达在水平投影面作用距离可表示为

$$D_t(\theta) = \sqrt{R_t^2(\theta) - h_t^2} \tag{4-21}$$

将 $-180° \sim 180°$ 方向上作用距离 $D_t(\theta)$ 连接,可得到干扰条件下雷达作用距离边界曲线,如图 4-7 中实线所示。在曲线内部,雷达能发现掩护目标,称为雷达暴露区;在曲线外部,雷达不能发现掩护目标,称为雷达干扰压制区。当干扰变量值变化时,曲线形状不变,每个方向上值正比于 V_J,如当干扰样式变化,由瞄准干扰变成阻塞干扰时,若 $\Delta f_j / \Delta f_r$ 提高 16 倍,则 V_J 值提高 1 倍,即边界曲线各方向等比扩大 1 倍,如图 4-7 中虚线所示。

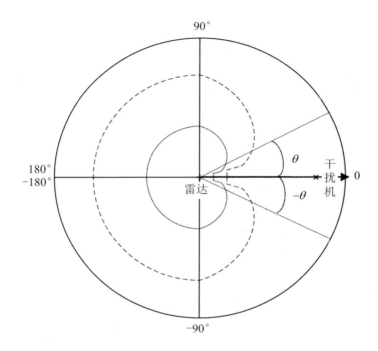

图 4-7　空对地雷达干扰条件下雷达暴露区边界示意图

可设计如图 4-8 所示列线图,将计算过程变成图上作业过程。图中第 1 列为干扰工作模式值,第 3 列为干扰变量值,先根据值分别选定点①和②并连线,与第 2 列交于点③;再在第 5 列选定张角 θ 值点④,连接点③和④交第 4 列于点⑤,此点刻度值即为干扰条件下 θ 方向雷达作用距离值。

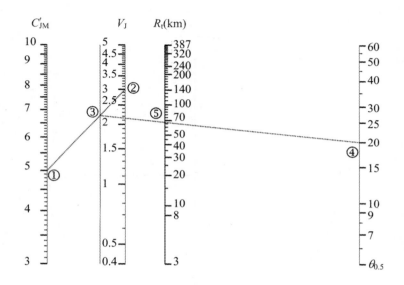

图 4-8　干扰条件下雷达作用距离计算列线图示例

4.3　地对空雷达干扰效能快速计算

地对空有源压制雷达干扰效能可用以地面保护目标为极点、以目标与干扰机连线为极轴的机载轰炸雷达暴露区表示,如图 4-9 中实线所示。在曲线内部,机载轰炸雷达能发现目标,称为雷达暴露区,易知其关于极轴对称;曲线外部,机载轰炸雷达不能发现目标,称为雷达干扰压制区。空袭飞机为实现对目标的命中投弹,须在投弹圆处发现目标并实施投弹,如图 4-9 中虚线所示。空袭飞机进入投弹圆,仍无法发现目标的角度,称为有效掩护角,如图 4-9 中的 $\theta_{j,\max 1}$ 和 $\theta_{j,\max 2}$ 角。

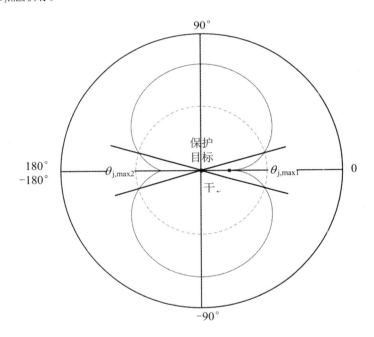

图 4-9 地对空雷达干扰条件下机载轰炸雷达暴露区示意图

当干扰机、保护目标、机载轰炸雷达基本参数确定后,计算主要解决干扰机不同距离配置,能否有效保护目标的问题;或要求有效保护目标时,干扰机的最远配置距离。这两个问题均可通过如图 4-10 所示的 D_t-d 快速计算图（图中 D_t 表示机载轰炸雷达地面投影点到保护目标距离）来解决。如当 $d=2$ km，投弹圆半径为 6 km 时，分别从横轴 2 km、纵轴 6 km 处作垂线相交于图中 A 点，可见 A 点位于 $7°$ 和 $8°$ 的 D_t 曲线间，可得到干扰机侧有效掩护角 $\theta_{j,\max 1} \approx 7.5°$。同样，可根据 $90° \sim 180°$ 范围的 D_t-d 图求解另一侧的有效掩护角 $\theta_{j,\max 2}$。再如，当投弹圆半径为 9 km，要求有效掩护角 $\theta_{j,\max 1}$ 为 $6°$ 时，可从纵轴 9 km 处作垂线，交 $6°$ 对应 D_t 曲线于 B 点，再由此点向横轴作垂线，与横轴相交的 C 点值 5 km，即为干扰机最远配置距离。

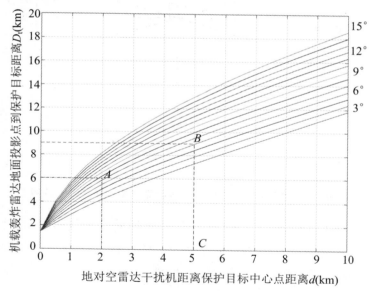

图 4-10　地对空雷达干扰条件下 D_t-d 快速计算图

4.4 雷达干扰压制系数快速计算

雷达干扰压制系数是评估雷达干扰效能的综合指标,不同干扰样式干扰不同体制雷达,压制系数均可能不同。理论计算时,区分相干和非相干脉冲积累建模。对于非相干积累脉冲雷达,噪声干扰端内压制系数为

$$K_a \approx \sqrt{\frac{2.3\lg P_d}{\lg P_F} n_p} \qquad (4\text{-}22)$$

对相干积累雷达,如脉冲多普勒或脉冲压缩雷达,噪声干扰压制系数为

$$K_a \approx \frac{\lg P_d}{\lg \dfrac{P_F}{P_d}} n_p \qquad (4\text{-}23)$$

噪声干扰端外压制系数 K_j 与 K_a 关系可表示为

$$K_j \approx \frac{\Delta f_j}{\Delta f_r} K_a \qquad (4\text{-}24)$$

对在特定方位进行波束扫描的搜索雷达,脉冲积累数为

$$n_p = \frac{\theta_{0.5}}{\Omega} f_r \qquad (4\text{-}25)$$

对脉冲压缩雷达, n_p 可近似为脉压系数。

对预警探测雷达,一般虚警概率 $P_F = 10^{-6}$,将使雷达发现概率 P_d 降低到 0.5 定义为有效干扰,分别代入式(4-22)和

式(4-23)可得

$$K_a = 0.34 \sqrt{n_p} \quad (\text{非相干}) \qquad (4\text{-}26)$$

$$K_a = 0.052\,8n_p \quad (\text{相干}) \qquad (4\text{-}27)$$

相应的压制系数计算曲线如图 4-11 所示。

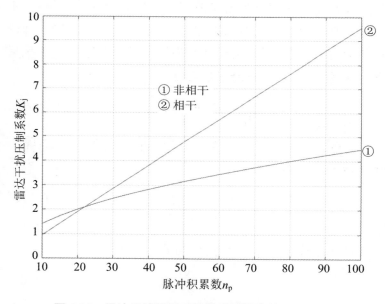

图 4-11　雷达干扰压制系数快速计算曲线$(P_d = 0.5)$

若定义将雷达发现概率 P_d 降低到 0.1 时为有效干扰,代入式(4-22)和式(4-23)可得

$$K_a = 0.62 \sqrt{n_p} \quad (\text{非相干}) \qquad (4\text{-}28)$$

$$K_a = 0.2n_p \quad (\text{相干}) \qquad (4\text{-}29)$$

5 通信干扰效能快速计算

常用三种传播模型来计算从通信全向发射天线到接收机天线间的传播损耗,分别是视距传播模型、双线传播模型和刃峰绕射传播模型。通信频率小于 10 GHz 时,常忽略大气和雨雪等造成的传播损耗。

视距传播损耗(自由空间或扩展损耗)是信号频率和传播距离的函数。双线传播损耗(由直射信号与地面或水面反射信号相位抵消造成)是收发天线架高和传播距离的函数,与信号频率无关。刃峰绕射传播损耗(由发射机和接收机间存在山脊障碍造成)附加在视距传播损耗之上。由于很难确定山脊点和高度,刃峰绕射传播损耗理论计算误差较大,故本书只讨论视距传播损耗和双线传播损耗的快速计算。

5.1 视距传播损耗快速计算

视距传播损耗模型为

$$L = \frac{(4\pi)^2 R_t^2}{\lambda^2} \tag{5-1}$$

实际使用时，传播距离 R_t 的常用单位为 km，波长 λ 多用频率 f 代替，单位常用 MHz，则可变换为

$$L = 1\,754.6 R_{t,\text{km}}^2 f_{\text{MHz}}^2 \tag{5-2}$$

式 (5-2) 可变换为快速计算公式：

$$L_{\text{dB}} = 32.44 + 20\lg f_{\text{MHz}} + 20\lg R_{t,\text{km}} \tag{5-3}$$

可通过如图 5-1 所示列线图快速计算视距传播损耗：图中第 1 列为通信频率，第 3 列为传播距离，根据两者的值分别选定点①和②并连线，与中间列交点③刻度值即视距传播损

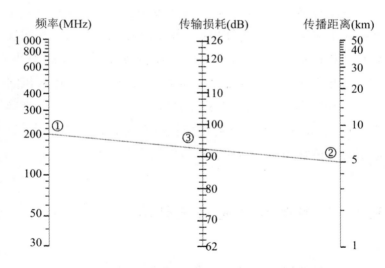

图 5-1　视距传播损耗计算列线图示例

耗值,如当 $f_{MHz} = 200\ MHz$, $R_{t, km} = 5\ km$ 时,视距传播损耗图上作业结果约为92.5 dB。

5.2 双线传播损耗快速计算

当发射和接收天线靠近比较大的反射面(如地面和水面),通信频率较低,并且天线方向图较宽,能收到反射信号时,一般使用双线传播损耗计算模型,如图 5-2 所示。

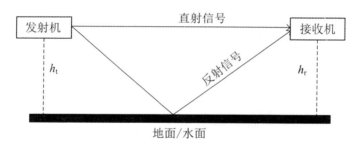

图 5-2 双线传播路径示意图

双线传播损耗模型为

$$L = \frac{R_t^4}{h_t^2 \times h_r^2} \tag{5-4}$$

式(5-4)可变换为快速计算公式:

$$L_{dB} = 120 + 40 \lg R_{t, km} - 20 \lg h_t - 20 \lg h_r \tag{5-5}$$

可通过如图 5-3 所示列线图快速计算双线传播损耗:图

中第 1 列和第 2 列分别为发射和接收天线架高,先根据值分别选定点①和②并连线,与第 2 列交于点③;再在第 4 列选定传播距离点④,连接点③和④延长交第 5 列于点⑤,此点刻度值即为双线传播损耗。如当 $h_t = 30$ m,$h_r = 20$ m,传输距离为 $R_{t,km} = 20$ km 时,双线传播损耗图上作业结果约为 116 dB。

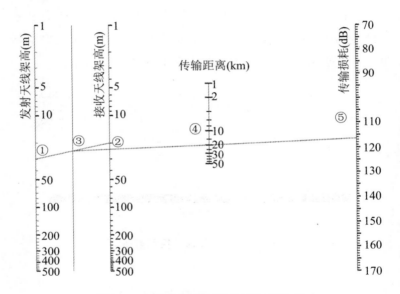

图 5-3　双线传播损耗计算列线图示例

更实用的双线模型考虑不同地形对传播的影响:

$$L = \frac{R_t^n}{h_t^2 \times h^2} \tag{5-6}$$

或变换为快速计算公式:

$$L_{dB} = 120 + 10n \lg R_{t,km} - 20 \lg h_t - 20 \lg h_r \quad (5\text{-}7)$$

n 为地形影响指数,取值范围为 $2 \sim 5$,适用场景如表 5-1 所示。

表 5-1 地形影响指数取值表

n	适用场景
2	平坦地表(水面、海面和湖面等),电导率较高
3	中等起伏地表、农田等,电导率较高
4	中等崎岖地表(连绵起伏的丘陵)、森林等,电导率中等
5	非常崎岖地表(岩石山、群山)、沙漠等、电导率较低

5.3 通信畅通距离快速计算

通信信号传播过程如图 5-4 所示。

接收到的信号功率 P_r 公式:

$$P_r = P_t G_t \frac{1}{L_t} G_r = \frac{P_t G_t G_r}{L_t} \quad (5\text{-}8)$$

转换为 dB 形式可得到

$$P_{r,dB} = P_{t,dB} + G_{t,dB} + G_{r,dB} - L_{t,dB} \quad (5\text{-}9)$$

当 $P_{r,dB} = P_{r,\min,dB}$ 时,可得到最大允许传输损耗值公式:

$$L_{t,\max,dB} = P_{t,dB} + G_{t,dB} + G_{r,dB} - P_{r,\min,dB} \quad (5\text{-}10)$$

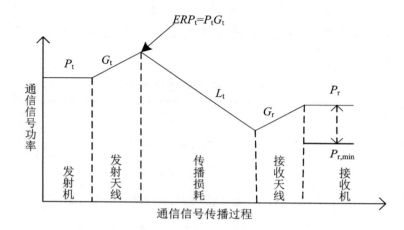

图 5-4　通信信号传播过程示意图

第一步计算 $L_{t,\max,dB}$；第二步根据传播方式，选择传播损耗快速计算列线图，通过图上作业得到最大通信畅通距离。视距传播时，通信畅通距离快速计算表如表 5-2 所示。

表 5-2　视距传播通信畅通距离快速计算表

序号	参数含义	参数符号	参数单位	参数值
1	发射功率	$P_{t,dB}$	dBW	
2	发射天线增益	$G_{t,dB}$	dBi	
3	接收天线增益	$G_{r,dB}$	dBi	
4	接收机灵敏度	$P_{r,\min,dB}$	dBW	

续表

序号	参数含义	参数符号	参数单位	参数值
5	通信频率	f_{MHz}	MHz	
6	通信畅通距离	$R_{\max}$	km	
最大允许传输损耗（dB）		$L_{\max,\text{dB}} = P_{t,\text{dB}} - P_{r,\min,\text{dB}}$		

可通过如图 5-5（同图 5-1）所示列线图快速计算视距传播通信畅通距离。图中第 1 列为频率，第 2 列为传播损耗，根据两者值分别选定点①和②并连线，延伸与第 3 列交点③刻

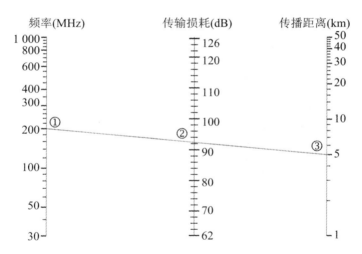

图 5-5　视距传播通信畅通距离计算列线图示例

度值即视距传播通信畅通距离值。如当 $f = 200$ MHz，$L_{max,dB} = 92.5$ dB 时，视距传播通信畅通距离的图上作业结果约为 5 km。

视距传播的战术通信，多使用全向天线，可认为 $G_{t,dB} = G_{r,dB} = 0$ dB，则式(5-10)可进一步简化为

$$L_{t,max,dB} = P_{t,dB} - P_{r,min,dB} \tag{5-11}$$

通信畅通距离快速计算表 5-2 可相应简化为表 5-3。

表 5-3 视距传播通信畅通距离快速计算简表

序号	参数含义	参数符号	参数单位	参数值
1	发射功率	$P_{t,dB}$	dBW	
2	接收机灵敏度	$P_{r,min,dB}$	dBW	
3	通信频率	f_{MHz}	MHz	
4	通信畅通距离	R_{max}	km	
最大允许传输损耗(dB)		$L_{max,dB} = P_{t,dB} + G_{t,dB} + G_{r,dB} - P_{r,min,dB}$		

双线传播时，通信畅通距离快速计算表如表 5-4 所示。

表 5-4 双线传播通信畅通距离快速计算表

序号	参数含义	参数符号	参数单位	参数值
1	发射功率	$P_{t,dB}$	dBW	
2	发射天线增益	$G_{t,dB}$	dBi	
3	接收天线增益	$G_{r,dB}$	dBi	
4	接收机灵敏度	$P_{r,min,dB}$	dBW	
5	通信频率	f_{MHz}	MHz	
6	发射天线架高	h_t	m	
7	接收天线架高	h_r	m	
8	通信畅通距离	R_{max}	km	
最大允许传输损耗(dB)		$L_{max,dB}=P_{t,dB}+G_{t,dB}+G_{r,dB}$ $-P_{r,min,dB}$		

可通过如图 5-6(同图 5-3)所示列线图快速计算双线传播通信畅通距离:图中第 1 列和第 3 列分别为发射、接收天线架高,先根据值分别选定点①和②并连线,与第 2 列交于点③;再在第 5 列选定传播损耗点④,连接点③和④交第 4 列于点⑤,此点刻度值即为双线传播通信畅通距离。如当 $h_t=30$ m, $h_r=30$ m,双线传播损耗为 116.5 dB 时。双线传播传输距离图上作业结果约为 20 km。

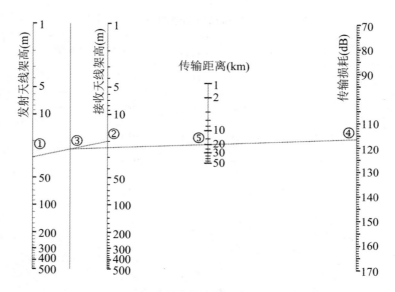

图 5-6　双线传播通信畅通距离计算列线图示例

5.4　通信干扰效能快速计算

通信干扰信号传播过程如图 5-7 所示。

当干扰频率对准通信频率时，接收到的干扰信号功率 $P_{\mathrm{r,j}}$ 模型为

$$P_{\mathrm{r,j}} = P_{\mathrm{j}}G_{\mathrm{j}}\frac{1}{L_{\mathrm{j}}}G_{\mathrm{r}}(\theta) = \frac{P_{\mathrm{j}}G_{\mathrm{j}}G_{\mathrm{r}}(\theta)}{L_{\mathrm{j}}} \qquad (5\text{-}12)$$

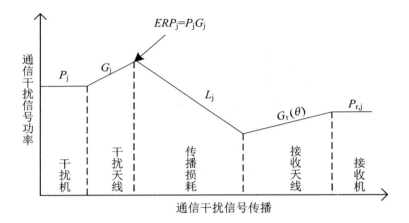

图 5-7　通信干扰信号传播过程示意图

当通信接收机使用全向天线时，$G_r(\theta) = G_r$，则式(5-12)可简化为

$$P_{rj} = P_j G_j \frac{1}{L_j} G_r(\theta) = \frac{P_j G_j G_r}{L_j} \tag{5-13}$$

综合式(5-8)和式(5-13)，并考虑极化损失和干扰带宽损失，可得到通信干扰时干信比为

$$\frac{J}{S} = \frac{P_{r,j}}{P_r} = \frac{P_j G_j L_t}{P_t G_t L_j} \cdot \frac{\gamma_j \Delta f_r}{\Delta f_j}$$

$$= \frac{ERP_j L_t}{ERP_t L_j} \cdot \frac{\gamma_j \Delta f_r}{\Delta f_j} \geqslant K_j \tag{5-14}$$

定义综合压制系数 $K_s = K_j \Delta f_j / (\Delta f_r \gamma_j)$，并转换为 dB 形式：

$$\left(\frac{J}{S}\right)_{\mathrm{dB}} = ERP_{\mathrm{j,dB}} - ERP_{\mathrm{t,dB}} + L_{\mathrm{t,dB}} - L_{\mathrm{j,dB}}$$

$$\geqslant K_{\mathrm{s,dB}} \qquad (5-15)$$

先根据通信和通信干扰信号传播方式,分别选择相应传播损耗快速计算列线图,通过图上作业得到传播损耗值,再计算得到干信比 dB 值,最后与压制系数 dB 值比较,即可判断是否为有效干扰。当通信和通信干扰信号均为视距传播,接收机使用全向天线时,通信干扰效能快速计算如表 5-5 所示。

表 5-5 通信干扰效能(视距传播)快速计算表

序号	参数含义	参数符号	参数单位	参数值
1	等效发射功率	$ERP_{\mathrm{t,dB}}$	dBW	
2	等效干扰功率	$ERP_{\mathrm{j,dB}}$	dBi	
3	通信频率	f_{MHz}	MHz	
4	通信距离	$R_{\mathrm{t,km}}$	km	
5	干扰距离	$R_{\mathrm{j,km}}$	km	
6	综合干扰压制系数	$K_{\mathrm{j,dB}}$	dB	
7	通信信号传输损耗	$L_{\mathrm{t,dB}}$	dB	
8	通信干扰信号传输损耗	$L_{\mathrm{j,dB}}$	dB	
9	是否为有效通信干扰	—	—	
干信比(dB)	$\left(\dfrac{J}{S}\right)_{\mathrm{dB}} = ERP_{\mathrm{j,dB}} - ERP_{\mathrm{t,dB}} + L_{\mathrm{t,dB}} - L_{\mathrm{j,dB}}$			

另一种常用的通信干扰效能计算方法,是确定通信干扰机最大配置距离,即求通信干扰机到通信接收机距离的最大值 $R_{\mathrm{j,max}}$。由式(5-15)可得

$$L_{\mathrm{j,max,dB}} = ERP_{\mathrm{j,dB}} - ERP_{\mathrm{t,dB}} + L_{\mathrm{t,dB}} - K_{\mathrm{s,dB}} \quad (5\text{-}16)$$

可先计算得到通信干扰最大允许传输损耗 $L_{\mathrm{j,max,dB}}$,再由传播损耗计算列线图得到通信干扰机最大配置距离。

当通信和干扰信号均为双线传播,接收机使用全向天线时,通信干扰机最大配置距离快速计算如表5-6所示。

表 5-6　最大配置距离(双线传播)快速计算表

序号	参数含义	参数符号	参数单位	参数值
1	通信频率	f_{MHz}	MHz	
2	通信距离	R_{t}	km	
3	发射天线架高	h_{t}	m	
4	接收天线架高	h_{r}	m	
5	等效发射功率	$ERP_{\mathrm{t,dB}}$	dBW	
6	等效干扰功率	$ERP_{\mathrm{j,dB}}$	dBW	
7	通信干扰压制系数	$K_{\mathrm{j,dB}}$	dB	
8	接收天线架高	h_{r}	m	

序号	参数含义	参数符号	参数单位	参数值
9	干扰天线架高	h_j	m	
10	通信信号传输损耗	$L_{t,dB}$	dB	
11	干扰机最大配置距离	$R_{j,max}$	km	
干扰最大允许传输损耗(dB)	$L_{max,dB} = ERP_{j,dB} - ERP_{t,dB} + L_{t,dB} - K_{j,dB}$			

被有效干扰的通信接收机位置构成的集合,称为通信干扰压制区,没有被有效干扰,仍能与发射机通信的通信接收机位置构成的集合,称为干扰条件下的通信畅通区。对于常用的战术语音通信,当通信信号和通信干扰信号均为视距传播,通信接收机使用全向天线时,综合式(5-1)和式(5-14)可得

$$\frac{J}{S} = \frac{P_j G_j \gamma_j \Delta f_r}{P_t G_t \Delta f_j} \cdot \frac{R_t^2}{R_j^2} \geqslant K_j \qquad (5\text{-}17)$$

定义 $a^2 = \dfrac{P_j G_j \gamma_j \Delta f_r}{P_t G_t \Delta f_j}$,将式(5-17)取等号,即满足干扰压制区边界条件时,式(5-17)可简化为

$$a^2 R_t^2 = R_j^2 \qquad (5\text{-}18)$$

建立以通信发射机为原点,通信发射机到通信干扰机连线为 x 轴正方向的笛卡尔坐标系,则通信接收机坐标为 (x,y) 时:

$$R_t^2 = x^2 + y^2$$
$$R_j^2 = (R_{t,j} - x)^2 + y^2 \tag{5-19}$$

综合式(5-18)和式(5-19),当 $a \neq 1$ 时可得到

$$\left(x - \frac{R_{t,j}}{1-a^2}\right)^2 + y^2 = \left(\frac{aR_{t,j}}{1-a^2}\right)^2 \tag{5-20}$$

由式(5-20)知,边界是以 $\left(\dfrac{R_{t,j}}{1-a^2}, 0\right)$ 为圆心, $\dfrac{aR_{t,j}}{|1-a^2|}$ 为半径的圆。

当 $a > 1$ 时,干扰较强,只有通信发射机附近的通信接收机能继续通信,干扰条件下的通信畅通区是以 $\left(\dfrac{R_{t,j}}{1-a^2}, 0\right)$ 为圆心, $\dfrac{aR_{t,j}}{a^2-1}$ 为半径的圆内部(上对角线区),而圆外部是干扰压制区(下对角线区),如图 5-8 所示。

当 $a < 1$ 时,干扰较弱,只有通信干扰机附近的通信接收机能被有效压制,干扰压制区是以 $\left(\dfrac{R_{t,j}}{1-a^2}, 0\right)$ 为圆心,以 $\dfrac{aR_{t,j}}{1-a^2}$ 为半径的圆内部(下对角线区),而圆外部是干扰条件下的通信畅通区(上对角线区),如图 5-9 所示。

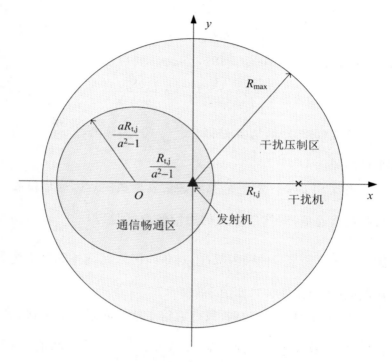

图 5-8　干扰较强时干扰压制区示意图

　　当 $a=1$ 时,干扰压制区边界为 $x=R_{t,j}/2$ 的垂线,即通信发射机和通信干扰机间连线的中垂线,靠近发射机一侧为干扰条件下的通信畅通区,靠近干扰机一侧为干扰压制区。

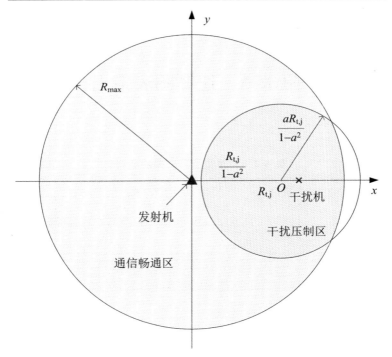

图 5-9　干扰较弱时干扰压制区示意图

5.5　通信干扰压制系数快速计算

通信干扰压制系数与通信体制、信号样式、干扰方式、极化方式等相关。对战术语音通信实施干扰时,接收机输入端干扰信号功率不小于通信信号功率,即 $K_j \geq 1$ 时方为有效干扰。

附录 A　速算图表索引

表 A-1　计算图及其主要功能列表

图序	页码	主要功能
图 1-2	5	根据径向速度和频率,速算双程多普勒频移值
图 1-5	10	根据设备天线和目标高度,速算直视距离
图 2-1	12	根据频率和天线直径,速算天线效率为55%抛物面天线增益
图 2-2	13	根据天线效率值,快速查询修正天线增益值
图 2-3	14	根据收发极化匹配情况,快速估算天线极化损失
图 3-5	28	根据电磁波入射角,快速查询 X 波段垂直极化波 σ_0 值

续表

图序	页码	主要功能
图 3-6	30	根据箔条包箔条数量和频率,速算箔条包 RCS
图 4-2	35	根据工作模式值、$S_{N,min}$ 和 RCS,速算雷达作用距离
图 4-3	36	根据 $\sigma/S_{N,min}$ 值变化,速算雷达作用距离
图 4-4	38	根据 $\sigma/S_{N,min}$ dB 值变化,速算雷达作用距离
图 4-5	41	根据频率和大气双程衰减,速算雷达作用距离
图 4-8	50	根据雷达干扰模式值、变量值,速算有源压制干扰条件下雷达在 $-180°\sim180°$ $(0°\sim360°)$ 方向上作用距离
图 4-10	52	根据地对空雷达干扰机部署距离,速算不同方向机载轰炸雷达暴露距离和有效掩护角
图 4-11	54	根据脉冲积累数,估算雷达干扰压制系数

附录 B　列线图制作

列线图,又称诺模图,可把一个数学模型的几个参数之间的函数关系,画成用具有刻度的直线或曲线表示的计算图表,常作为一种快速计算手段。

列线图一般由图尺、图尺系数和图尺方程组成,下以图B-1所示视距传播损耗计算列线图为例介绍列线图制作过程。

图尺指列线图中具有刻度,并标注有按大小顺序排列数字的线。刻度表示参数函数计算结果值。如图 B-1 中有频率、传输损耗和传播距离等 3 个图尺,分别按 $20\lg f_{MHz}$、$L_{dB}=32.44+20\lg f_{MHz}+20\lg R_{km}$ 和 $20\lg R_{km}$ 等函数进行刻度。但为便于输入,频率和传播距离刻度标注变量 f_{MHz} 和 R_{km} 值。

图尺系数表示参数函数值的单位长度,记作 m。若 H 表示列线图图尺高度,$u_1 \sim u_2$ 表示变量取值范围,相应函数值为 $f(u_1) \sim f(u_2)$,则

$$m = \frac{H}{|f(u_2)-f(u_1)|} \tag{B-1}$$

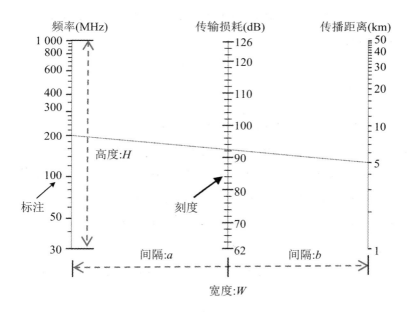

图 B-1 列线图组成示意图

图 B-1 中设计频率 f 数值范围为 $30\sim1\,000\,\text{MHz}$，传播距离数值范围为 $1\sim50\,\text{km}$，由 $L_{\text{dB}}=32.44+20\lg\,f_{\text{MHz}}+20\lg\,R_{\text{km}}$，可得传输损耗 L_{dB} 数值范围约 $62\sim126\,\text{dB}$。由式 (B-1) 可得频率、传输损耗和传播距离的图尺系数分别为

$$m_{\text{f}}=\frac{H}{|\,20\lg\,1\,000-20\lg\,30\,|}$$

$$m_{\text{R}}=\frac{H}{|\,20\lg\,50-20\lg\,1\,|} \qquad (\text{B-2})$$

$$m_{\text{L}}=\frac{m_{\text{f}}m_{\text{R}}}{m_{\text{f}}+m_{\text{R}}}$$

由于图 B-1 的斜线为等值线,W 为图尺宽度,由几何知识可知:

$$a + b = W \qquad (\text{B-3})$$

$$\frac{a}{b} = \frac{m_f}{m_R} \qquad (\text{B-4})$$

联立式(B-3)和(B-4)可得 a 和 b 的值。

图尺方程是指图尺上刻度所依据的模型。通过图尺方程,可得各列刻度的步进间隔。若模型为 $f(u)$,刻度最小值为 $f(u_{min})$,刻度 u 到最小值距离为 y,则图尺方程为 $y = m(f(u) - f(u_{min}))$。图 B-1 中图尺方程分别为

$$y_f = m_f(20\lg f - 20\lg 30)$$

$$y_R = m_R(20\lg R - 20\lg 1) \qquad (\text{B-5})$$

$$y_L = m_L(L_{dB} - 62)$$

综上所述,列线图绘制基本步骤如下:

① 确定模型参数的取值范围、列线图尺寸(宽 W,高 H);

② 根据模型参数的基本关系式,确定对应列的图尺系数 m;

③ 根据图尺系数 m,确定列间隔 a 和 b;

④ 根据图尺系数和参数取值范围,确定各列图尺方程;

⑤ 根据图尺方程,确定各列刻度的步进间隔。

附录 C　计算表制作

电子对抗效能快速计算表可通过使用 Microsoft Excel 的内置函数和单元格名称功能实现。

以雷达工作模式值计算表为例说明计算表制作过程。

第一步,依次输入序号、参数含义、参数符号、参数值和计算模型等计算表格文字信息。

第二步,选中计算表中参数值列单元格,如发射功率对应的 G3 格,点击功能区中"公式",选择"定义的名称"栏,弹出"名称管理器"菜单项并点击"定义名称",如图 C-1 所示。

图 C-1　名称管理器功能菜单

第三步,点击"定义名称"项,弹出"新建名称"界面,如图C-2所示,在"名称(N):"输入发射功率参数符号 Pt,点击"确定",单元格 G3 将被命名为 Pt。重复上述操作,按参数符号列信息分别命名 G4～G10 单元格。点击"名称管理器"菜单

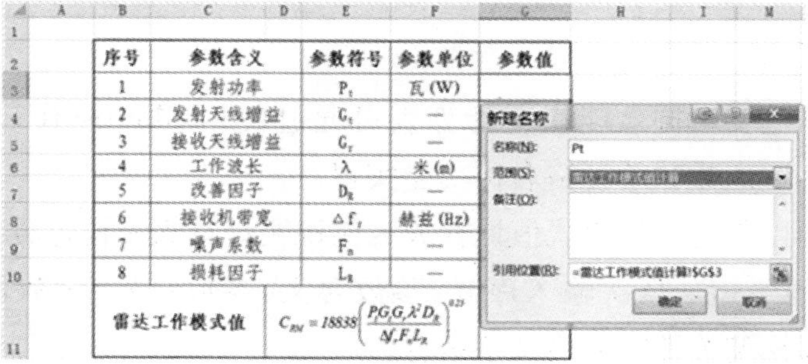

图C-2　定义单元格名称

图C-3　名称管理器界面

项,弹出名称管理器界面如图 C-3 所示,查看是否定义了全部单元格名称。

第四步,在雷达工作模式值对应的 G11 单元格,依次选中模型参数单元格,其名称代表模型输入变量,用内置 POWER(number,power) 函数计算 0.25 次幂,最终实现雷达工作模式值计算模型,如图 C-4 所示。

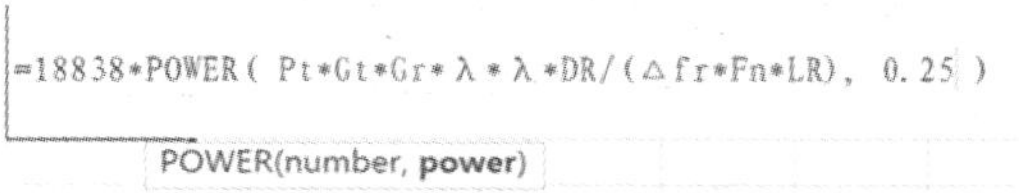

=18838*POWER(Pt*Gt*Gr*λ * λ *DR/(△fr*Fn*LR), 0.25)

POWER(number, **power**)

图 C-4　计算模型输入界面

第五步,在 G3～G10 单元格依次输入发射功率等参数值,G11 单元格将根据输入参数值,显示计算出的雷达工作模式值。

附录 D 符 号 表

当符号单位为非标准单位时,使用单位作为下标,如频率 f 的标准单位为"Hz",如使用"MHz"为单位,则频率表示为 f_{MHz}。当符号值用"dB"表示时,则附加"dB"作为下标,如已有下标则在"dB"前加",",如发射天线增益 G_t 的 dB 值表示为 $G_{t,dB}$。下标 t、r、j 一般用于表示发射、接收和干扰。

P:功率,单位:W、dBW、dBm

P_t:发射功率

P_r:接收功率

P_j:干扰功率

P_N:接收机噪声功率

$P_{r,min}$:最小可检测功率

G:天线增益,单位:dBi

G_t:发射天线增益

G_j:干扰天线增益

G_r:接收天线增益

$G_r(\theta)$:偏离天线水平方向主轴 θ 角方向增益

ERP:等效功率,单位:W、dBW、dBm

ERP_t:等效发射功率

ERP_j:等效干扰功率

K:干扰压制系数

K_s:综合干扰压制系数(综合极化和带宽影响)

K_j:端外干扰压制系数

K_a:端内干扰压制系数

H:海拔高度,单位:m

H_a:发射机天线阵地海拔高度

H_t:目标海拔高度

H_0:电磁波与地面相切点海拔高度

h:天线架高,单位:m

h_a:发射机天线架高

h_t:探测目标天线架高

h_r:接收机天线架高

h_j:干扰机天线架高

Δf:带宽,单位:Hz

Δf_j:干扰信号带宽

Δf_r:雷达、通信信号带宽

L:损耗

L_R:雷达综合损耗因子

L_t:通信信号传播损耗

L_j:干扰信号传播损耗

L_{max}:最大允许传播损耗

R:距离,单位:m

R_t:雷达到目标、通信发射机到接收机距离

R_a:考虑大气衰减后雷达作用距离

R_j:干扰机到干扰目标距离

$R_{r,j}$:通信干扰机到通信接收机距离

$R_{t,j}$:通信干扰机到通信发射机距离

R_d:直视距离

R_e:4/3 倍地球半径

R_{max}:雷达、通信最大作用距离

$R_{j,max}$:干扰机最远配置距离

$R_{t,min}$:需将雷达压制到的最小作用距离

σ:雷达截面积,单位:m^2、dBsm

σ_0:地面目标后向散射系数

$\sigma_{\lambda/2}$:单根半波长箔条的 RCS

σ_{cN}:有 N 根箔条的箔条包投入后的 RCS

σ_N:多个目标合成的 RCS

θ:角度,单位:度

θ_e:天线垂直波束宽度

θ_a:天线水平波束宽度

$\theta_{0.5}$:天线水平波束宽度

θ_j:雷达干扰有效掩护角

θ:雷达干扰中,干扰机、掩护目标对雷达张角

θ:通信干扰中,干扰机、发射机对接收机张角

A_r：天线有效接收面积，单位：m^2

A_g：天线波束与地面交截面面积，单位：m^2

C_{RM}：雷达工作模式值

C_{JM}、C'_{JM}：雷达干扰模式值

d：地对空雷达干扰机距离掩护目标中心点距离，单位：m

D：天线直径，单位：m

D_t：机载轰炸雷达地面投影点到保护目标距离，单位：m

D_R：雷达综合改善因子

f：频率，单位：Hz

f_d：多普勒频移，单位：Hz

f_r：雷达脉冲重复频率，单位：Hz

F_n：雷达噪声系数

P_d：雷达发现概率

P_F：雷达虚警概率

V_r：径向速度，单位：m/s

V_J：雷达干扰变量值

σ：雷达截面积，单位：m^2

β：电磁波入射角，单位：度

λ：波长，单位：m

Ω：雷达天线扫描角速度，单位：$°/s$

τ：脉冲宽度，单位：μs

η：天线效率

δ：双程大气衰减系数，单位：dB/km

ΔD:空中编队纵向间隔,单位:m

Δl:空中编队横向间隔,单位:m

c:光速,取 3×10^8 m/s

k:玻尔兹曼常数,取 1.38×10^{-23} J/K

T:接收机噪声温度,取 $T=290$ K

参 考 文 献

［1］ 邵国培. 电子对抗战术计算方法［M］. 北京:解放军出版社,2011.

［2］ 邵国培. 电子对抗作战效能分析原理［M］. 北京:军事科学出版社,2013.

［3］ DAVID K. 现代雷达的雷达方程［M］. 俞静,译. 北京:电子工业出版社,2016.

［4］ 杨超. 雷达对抗基础［M］. 成都:电子科技大学出版社,2012.

［5］ 杨超. 雷达对抗工程基础［M］. 成都:电子科技大学出版社,2006.

［6］ 俄罗斯空军电子对抗作战效能评估［Z］. 刘南辉,译,2007.

［7］ 俄罗斯空军电子对抗组织与实施［Z］. 刘南辉,译,2007.

［8］ 甘佑文. 列线图［M］. 成都:四川人民出版社,1982.

［9］ 张民. 典型地面环境雷达散射特性与电磁成像［M］. 西安:电子大学出版社,2016.

［10］ ADAMY D. 电子战原理与应用［M］. 王燕,译. 北京:电子工业出版社,2011.

［11］ ADAMY D. 通信电子战［M］. 楼才义,译. 北京:电子工业出版社,2017.

[12] MERRILL I. 雷达系统导论[M]. 3 版. 左群生,译. 北京:电子工业出版社,2014.

[13] STIMSON G. Introduction to airborne radar [M]. NJ: SciTech,2014.

[14] MOIRIR I. Military avionics systems [M]. London: Wiley,2006.

[15] ADAMY D. Electronic warfare pocket guide [M]. NC: SciTech,2011.

[16] ZOHURI B. Radar energy warfare and the challenges of stealth technology[M]. Berne: Springer,2020.

[17] SUKHAREVSKY O I. Electromagnetic wave scattering by aerial and ground radar objects[M]. NY: CRC Press,2015.

[18] HQDA. ATP3-12. 3 electronic warfare techniques[R]. DC: HQDA,2019.

[19] HQDA. FM-40-7 communication jamming handbook [R]. DC: HQDA,1992.

[20] NAVAIR. Electronic warfare and radar systems engineering handbook[R]. CA:NAVAIR,2012.